BEI GRIN MACHT SICH IHR WISSEN BEZAHLT

- Wir veröffentlichen Ihre Hausarbeit,
  Bachelor- und Masterarbeit

- Ihr eigenes eBook und Buch -
  weltweit in allen wichtigen Shops

- Verdienen Sie an jedem Verkauf

Jetzt bei www.GRIN.com hochladen
und kostenlos publizieren

Impressum:

Copyright © 2013 GRIN Verlag, Open Publishing GmbH
Druck und Bindung: Books on Demand GmbH, Norderstedt Germany
ISBN: 9783656578024

Dieses Buch bei GRIN:

http://www.grin.com/de/e-book/267463/lamarckismus-darwinismus-und-die-synthe-tische-evolutionstheorie-ein

Andreas Kolbenschlag

Lamarckismus, Darwinismus und die synthetische Evolutionstheorie - ein Überblick

GRIN Verlag

Andreas N. Kolbenschlag

Lamarckismus, Darwinismus

und die synthetische Evolutionstheorie

–

Ein Überblick

Inhaltsverzeichnis

1. Einleitung

Der Evolutionsgedanke wird in vielen Bereichen der Wissenschaft[1] – z. B. in der Geschichtswissenschaft, Politikwissenschaft, Ökonomie[2], Philosophie[3] und Psychologie[4] – herangezogen, um beispielsweise gesellschaftliche Entwicklungen respektive allmähliche, prozessuale Vorgänge zu erklären[5]. Das Forschen nach dem Ursprung und der Entstehung der Arten ist jedoch sehr alt. Die griechischen Naturphilosophen, genauer: die „Vorsokratiker"[6], waren in der abendländischen Kultur wohl die ersten, die den Evolutionsgedanken aufgriffen[7]. Das evolutorische Denken „avant la lettre" half ihnen, das menschliche Dasein bzw. seine prozessuale Entstehung genauer zu definieren[8]. Der Begründer der Evolutionstheorie, Charles Darwin (1809-1882)[9], entwickelte in seinem großen Werk „Über die Entstehung der Arten" (1859)[10] das Prinzip der Selektion und den bekannten Terminus des „survival of the fittest"[11]. Die Erkenntnis Darwins, dass Arten prozessualen und evolutionären Veränderungen unterliegen, war bahnbrechend[12]. Bis zur Veröffentlichung seines Werkes „Über die Entstehung der Arten" wurde der Standpunkt, dass „Arten unveränderliche Erzeugnisse [seien] und jede einzelne für sich erschaffen [sei,] (…) von vielen Schriftstellern mit Geschick verteidigt"[13]. Darwins Erkenntnisse durchbrachen die konservative Denkweise und die Haltung vieler zeitgenössischer Forscher, dass der Ursprung des Menschen wohl immer im Dunkel gehüllt bleiben würde. Seine Thesen, dass Arten sich allmählich in einem System entwickeln und auf äußere Einflüsse[14] reagieren, sind heute bewiesen und besonders für die Biologie von herausragender Bedeutung[15]. Der Zoologe und Morphologe Sir Gavin de Beer schreibt zur wissenschaftlichen Fundiertheit der Evolutionstheorie Folgendes:

> „Die Tage sind längst vorüber, (…) in denen Laien ohne Erfahrungen praktischer Forschungsarbeit im Laboratorium oder in der freien Natur es versuchen könnten, Darwins (…) Schlussfolgerungen zu bekämpfen,

---

[1] Zitiert wird im Folgenden nach der „amerikanischen Zitierweise" bzw. nach dem „Harvard-System". Die Nachnahmen der Autoren in den Fußnoten verweisen auf die vollständige Quelle, die im Literaturverzeichnis auffindbar ist. Um Irrtümer zu vermeiden, werden in Einzelfällen zusätzlich zu den Nachnahmen des Autors weitere Angaben in der Fußnote gemacht.

[2] Vgl. zur ökonomischen Dimension bzw. zur sog. „Evolutionsökonomie" Dopfer. Vgl. auch den Essay von Okruch.

[3] Vgl. zur philosophischen Dimension der Evolution Russell, S. 22 f., S. 383.

[4] Vgl. zur psychologischen Dimension der Evolution Gerrig & Zimbardo, S. 14.

[5] Vgl. Hallpike; vgl. Mayr 1984, S. 503.

[6] „Vorsokratiker" sind die Philosophen in der Antike, die vor Sokrates lebten und von seinen Erkenntnissen nicht beeinflusst waren. Vgl. dazu besonders die Ausführungen von Russell, S. 13-66; vgl. auch den populärwissenschaftlichen Dialog von Lesch & Vossenkuhl, S. 167-181.

[7] Vgl. Russell, S. 23; vgl. auch die Ausführungen von Schmitz, S. 7-16.

[8] Vgl. dazu die Fußnote, in der Darwin Aristoteles' Bemerkungen akzentuiert, in Darwin, S. 1.

[9] Vgl. zum Werk und zur Biografie Darwins Zitek, S. 32-49.

[10] Vollständiger Titel: „Über die Entstehung der Arten durch natürliche Zuchtwahl".

[11] Vgl. Russell, S. 383; vgl. zum Terminus des „survival of the fittest" Schmitz, S. 194 ff.

[12] Freilich gab es schon vor Darwin viele andere wichtige Denker, die ihren Anteil an der Evolutionstheorie haben und auf deren Erkenntnisse auch Darwin zurückgriff. Einige dieser Denker waren Aristoteles, Alexander von Humboldt oder auch Lamarck. Vgl. dazu besonders Darwins Bemerkungen über Lamarck in Darwin, S. 2. Vgl. zur Bewunderung Darwins über Alexander von Humboldt Schmitz, S. 107 ff.

[13] Vgl. Darwin, S. 1.

[14] Die Fachliteratur bezeichnet die prozessuale Entwicklung unter anderem auch als ein System mit „Gedächtnis", das auf äußere Einflüsse reagiert. Vgl. dazu Zrzav, Storch, & Mihulka, S. 2.

[15] Vgl. zur Bedeutung der Evolutionstheorie oder zum Darwinismus in der heutigen Biologie Zitek, S. 43.

ohne sich lächerlich zu machen. (...) Die Beweise der Genetik gehen eindeutig dahin, dass natürliche Auslese den einzigen Mechanismus darstellt, der die Evolution zu erklären vermag."[16]

Die Grundsätze des historischen Darwinismus wurden von der modernen Evolutionsgenetik bestätigt[17]. Die moderne, synthetische Evolutionstheorie, die auf Darwins Erkenntnissen fußt, impliziert die Selektion, die essenziell für den Artenwandel ist [18]. Die Deszendenztheorie[19] ist jedoch nicht das alleinige Werk Darwins, denn es gab schon vor ihm erste Evolutionsmodelle und Erkenntnisse hinsichtlich der gemeinsamen Abstammung[20].

2. Klassische Evolutionstheorien

2.1. Lamarcksche Evolutionstheorie

I.

Der französische Botaniker und Zoologe Jean-Baptiste de Lamarck (1744-1829) entwickelte das erste umfassende Evolutionsmodell. In seinem großen Werk, der „Philosophie zoologique" (1809), formulierte er seine Erkenntnisse. Lamarck war ein Exponent unter den ersten großen evolutorischen Naturforschern. Er löste sich von dem starren und damals prävalierenden Denken, der Überzeugung von der Schöpfungsgeschichte und von festgelegten, unveränderlichen Arten, das eine „scala naturae"[21] impliziert, und stellte dadurch die prozessuale Genese der Lebewesen, die von einfachen zu immer komplizierteren Lebensformen führt, in den Vordergrund[22]. Sein Werk war initiativ und sehr bedeutend für den wissenschaftlichen Diskurs respektive für das evolutorische Denken, das sich im 18. und Anfang des 19. Jahrhunderts immer weiter durchsetzte[23].

II.

Lamarcks Theorie basiert auf der Transformationstheorie[24], die er erstmals in seiner „Philosophie zoologique" formulierte[25]. Entdeckungen von Fossilien, die Beweise für die Evolution waren, lockerten die starre Typenlehre im 18. Jahrhundert auf[26]. Lamarck war der Wegbereiter für Darwin und stellte eine Theorie auf, die besagt, dass Arten sich sukzessiv verändern

---

[16] Zitiert nach Heberer, S. 8; vgl. auch die Ausführungen von Mayr 1994, S. 173-176.

[17] Vgl. dazu Campbell & Reece, S. 515-519.

[18] Vgl. Lorenz, S. 25.

[19] Vgl. zur Deszendenztheorie Schmitz, S. 66 f.

[20] Vgl. Darwin, S. 2. Vgl. auch Lamarcks Thesen in Schmitz, S. 129 ff.

[21] Vgl. zum Terminus der „scala naturae" Mayr 2005, S. 38; vgl. auch Mayr 1994, S. 38 und S. 61.

[22] Vgl. Mayr 2005, S. 24f.

[23] Vgl. ebd; zu Lamarck und seinem Lebenswerk vgl. Lefèvre, S. 1-24.

[24] Die Annahme, dass genetisches Material weich und durch den Nichtgebrauch und Gebrauch von Körperteilen und durch Umwelteinflüsse geformt werden kann, wird zusammenfassend auch als Transformationstheorie bezeichnet. Bei der Transformationstheorie wird allgemein angenommen, dass Typen sich im Laufe der Zeit transformieren und dadurch verändern, diese Annahme wurde jedoch falsifiziert, besonders durch die Mendelsche Genetik. Vgl. dazu Mayr 2005, S. 107.

[25] Lamarck formulierte und vertiefte seine Evolutionstheorie auch in seinem großen siebenbändigen Werk „Histoire naturelle des animaux sans vertèbres" (1815–1822). Im ersten Band seines monumentalen Werkes stellte Lamarck seine Transformationstheorie ohne größere Ausschweifungen – wie es zum Teil noch in der „Philosophie zoologique" der Fall war – dar. Vgl. dazu Wolfgang Lefèvre, S. 23 f.

[26] Vgl. besonders zur Bedeutung der Fossilien als Beweis für die Evolution und zu neueren Fossilfunden in der Forschung Carroll, S. 123-145; vgl. auch Campbell & Reece, S. 518 f.

und an Umwelteinflüsse assimilieren[27]: „[seine Theorie hat] (...) gezeigt, dass die (...) Verschiedenheit [der Arten] (...) durch ihre Anpassung an die Existenzbedingungen zu erklären sei"[28]. Die Assimilierung der Arten – die sukzessive und prozessual verläuft –, also die Anpassung an die Umweltbedingungen, ist ursächlich für die Veränderung der Arten bzw. für die Artenvielfalt[29]. Die Veränderung der Arten bzw. die Anpassung an die Umwelt entsteht durch veränderte Bedürfnisse und Gewohnheiten, die zu einer Veränderung des Phänotyps führen[30]. Diese Anpassungen entwickeln sich durch den „Gebrauch oder Nichtgebrauch" von Körperteilen[31]: Körperteile, die öfters benutzt werden, entwickeln sich stärker, im Gegenzug verkümmern selten benutzte Körperteile – der Organismus passt sich dadurch permanent den Umweltbedingungen an[32]. Die neuen Eigenschaften, die durch die Anpassung an die Umwelt „entstehen", werden an Nachkommen weitervererbt. Lamarck sieht in der Anpassung der Arten an die Umweltbedingungen und in der Vererbung, den dadurch neu „erworbenen" Eigenschaften, die Hauptursachen der Artenvielfalt[33]. Der Evolutionsbiologe Ernst Mayr bezeichnet die Erbinformation, die sich an die Umwelt anpasst, als „weich, [da] (...) sie durch Umwelteinflüsse geformt werden (...) und (...) dann durch [die] Vererbung erworbener Eigenschaften an zukünftige Generationen weitergegeben werden"[34] kann. Die treibende Kraft der Assimilierung ist nach Lamarck das innere Bedürfnis des Organismus, das die Veränderung des genetischen Materials bedingt – durch diesen Vorgang „entstehen" die neuen Eigenschaften und Merkmale bzw. allgemein die Artenvielfalt[35]. Besonders bekannt ist das Giraffen-Beispiel, das Lamarcks Theorie präzise zusammenfasst[36]:

Um an Futter bzw. an höher liegende Zweige eines Baumes zu gelangen, streckt die Giraffe ihren Hals. Durch den häufigen Gebrauch des Halses – durch die Streckung von diesem, um an höhere Zweige des Baumes zu gelangen – verlängert sich dieser. Dadurch assimiliert sich die Giraffe an die Umweltbedingungen. Das „formbare" genetische Material wird durch ein inneres Bedürfnis an die Umwelt angepasst. Im Beispiel ist das innere Bedürfnis der Giraffe die Fähigkeit, die höheren Zweige des Baumes zu erreichen, um das Nahrungsbedürfnis zu stillen. Phänotypisch wirkt sich die Assimilierung an die Umweltbedingungen durch den verlängerten Hals der Giraffe aus. Das neu erworbene Merkmal, der verlängerte Hals, wird an Folgegenerationen weitervererbt. Im Umkehrschluss können jedoch selten benutzte Körperteile verkümmern[37].

---

[27] Freilich gab es im ausgehenden 18. Jahrhundert noch viele reaktionäre Tendenzen, dennoch prävalierten zunehmend die Transformationstheorie, der Gradualismus und der Uniformitarianismus das Denken. Vertreter dieser neuen Strömungen waren Lamarck, der Geologe Charles Lyell und Erasmus Darwin, der Großvater von Charles Darwin. Vgl. zum neuen Denken im ausgehenden 18. Jahrhundert Mayr 2005, S. 107 f. Vgl. auch Campbell & Reece, S. 506 f.

[28] Zitiert nach Haeckel, S. 22.

[29] Vgl. Mayr 2005, S. 108; vgl. Mayr 1988, S. 10.

[30] Vgl. Mayr 1979, S. 85.

[31] Vgl. Mayr 2005, S. 108; vgl. Mayr 1979, S. 85.

[32] Vgl. Mayr 1979, S. 85.

[33] Vgl. zur Ursache der Artenvielfalt die zwei „Anpassungsmechanismen" in Kleesattel, S. 22 f.

[34] Vgl. Mayr 2005, S. 108.

[35] Vgl. Kleesattel, S. 23; vgl. Mayr 2005, S. 108.

[36] Vgl. ausführlich zum „Giraffen-Beispiel" Mayr 2005, S. 108 f.

[37] Beispielsweise sind die Augen von Höhlentieren meist verkümmert, da sie meist nicht benutzt werden. Vgl. dazu ebd.

Die Transformationstheorie Lamarcks bzw. die Vorstellung, das Erbmaterial „formbar" ist, wurde jedoch durch die Mendelsche Genetik widerlegt. Neben Mendels Erkenntnissen (Mendelsche Regeln) bewies auch die Molekularbiologie, dass die Vererbung von erworbenen Eigenschaften nicht möglich ist[38]. Lamarck leistete – trotz der weitgehenden Widerlegung seiner Theorie – wichtige Pionierarbeit. Sein Werk war wegbereitend und unverzichtbar für Darwins spätere Evolutionstheorie[39].

2.2 Darwinsche Evolutionstheorie

I.

Zu den großen Fragen der Menschheit gehört besonders die Frage nach der Entwicklung des Lebens und der Artenvielfalt. Der Wissenschaftshistoriker Ernst Peter Fischer schreibt dazu Folgendes:

> „Menschen sind von Natur aus neugierig. Sie wollen zum Beispiel wissen, wie die Gegenwart, die wir erleben, eigentlich zustande gekommen ist. Wie hat sich das Wirkliche und Wirkende gebildet, das uns umgibt? Wie hat sich das entwickelt, das uns umgibt? Wie hat sich entwickelt, was wir gerne „die Natur des Menschen" nennen."[40]

All diese Fragen konnten im Wesentlichen durch Darwins Evolutionstheorie beantwortet werden. Darwins Werk gleicht einem historischen Wendepunkt, der eine neue Zeitrechnung einläutete. Der Einfluss auf Kultur, Wissenschaft und Gesellschaft sind von herausragender Bedeutung und befruchteten den wissenschaftlichen Diskurs; besonders die Biologie profitierte von Darwins Evolutionstheorie. Es entstand sogar eine neue Teildisziplin der Biologie, die Evolutionsbiologie, welche sich Mitte des 20. Jahrhunderts etablierte[41]. Darwins Erkenntnisse, besonders sein großes Werk „Über die Entstehung der Arten" (1859), lösten jedoch auch heftigste Kontroversen aus und zerschlugen ganze Weltbilder[42].

II.

Darwins Erfahrungen, die er auf seiner Weltreise auf der Beagle sammelte, waren kausal für seine später aufgestellte Evolutionstheorie[43]. Darwins Evolutionstheorie bzw. die organische

---

[38] Vgl. ebd., S. 109.
[39] Vgl. Kleesattel, S. 23 f.
[40] Vgl. Fischer, S. 9.
[41] Exponenten und Pioniere dieser Teildisziplin sind der britische Zoologe Julian Huxley (1887-1975), der russisch-amerikanische Genetiker Theodosius Dobzhansky (1900-1975) und der deutsch-amerikanische Zoologe Ernst Mayr (1904-2005).
[42] Bis heute gibt es Kontroversen zwischen Theologen und Biologen. In Fachmagazinen, aber auch in der Presselandschaft werden immer wieder die Themen Religion und Evolution thematisiert. Die Schöpfungsgeschichte steht der Evolutionsgeschichte unvereinbar gegenüber – natürlich gibt es auch Naturwissenschaftler und Theologen, die die Evolutionstheorie und die Schöpfungsgeschichte kombinieren und zu einer Symbiose verbinden. Besonders zur 200. Wiederkehr des Geburtstags von Charles Darwin im Jahr 2009 keimten wieder Diskussionen und Kontroversen um die Evolution bzw. die Schöpfungsgeschichte auf. Vgl. zur Kontroverse zwischen der Schöpfungsgeschichte und der Evolutionstheorie Dambeck sowie Rühle; vgl. auch Korb & Lindemann; vgl. auch den Dialog zwischen Schröder & Wuketits, S. 42-46 und den Aufsatz „Biologie und Religion: Warum Biologen ihre Nöten mit Gott haben" von Wuketits.
[43] Darwin sammelte auf seiner Reise (27.12.1831-02.10.1836) wichtige Erfahrungen. Besonders die verschiedenen Schnabelgrößen von Finken fielen ihm auf, die jeweils leichte Abstufungen aufwiesen. Er vermutete deshalb eine gemeinsame Verwandtschaft. Die Erkenntnisse, die Darwin auf seiner Reise sammelte, waren ein weiterer Mosaikstein für seine Evolutionstheorie. Freilich war Darwin nach der Reise noch lange kein Evolutionist, jedoch war die Reiseerfahrung ein wichtiger Impuls für seine wissenschaftliche Arbeit in der Folgezeit nach der

Evolution muss differenziert werden, da es zum einen Veränderungen in der Zeit gibt und zum anderen Verschiedenheiten bei den Organismen, die durch die verschiedenen ökologischen und geographischen Bedingungen entstehen. Darwins Evolutionstheorie ist jedoch keine singuläre, sondern eine pluralistische Theorie, die ein ganzes Bündel von Theorien beinhaltet[44]. Wichtig ist deshalb, dass Darwins einzelne Theorien nicht vermischt werden, da seine Evolutionstheorie mehrere Theorien enthält, die explizit und klar voneinander getrennt und unterschiedlich definiert werden können[45]. Diese Differenzierungen sind methodologisch unabdingbar für die genauere Untersuchung von Darwins Evolutionstheorie, haben einen wichtigen Ordnungscharakter und machen die verschiedenen Annahmen leichter verständlich[46]. Im Folgenden sollen diese fünf Theorien nach Mayrs Differenzierung skizziert werden[47]:

1. Evolution: Veränderlichkeit der Arten

Der Kern der gesamten Evolutionstheorie von Darwin ist, dass die Arten einer allmählichen Veränderung unterliegen bzw. sich die Abstammungslinien der einzelnen Organismen im Laufe der Zeit verändern[48]. Diese Theorie impliziert auch das Prinzip, dass die Welt und die darin lebenden Organismen schon sehr lange existieren und sie einem stetigen zeitlichen Wandel unterliegen. Diese Annahme Darwins wird auch als „grundlegende Evolutionstheorie" bezeichnet[49].

2. Abstammung aller Lebewesen von gemeinsamen Lebewesen (Deszendenztheorie)

Im 18. Jahrhundert war der Glaube, dass „ alle Organismen Teil einer (…) starren Stufenleiter"[50] sind, weit verbreitet. Bei der starren „scala naturae" gab es keine Verästelungen der Hauptstämme von jeglichen Arten. Darwin war der Ansicht, dass Arten voneinander abstammen. Bei seiner Abstammungstheorie gab es Verästelungen zwischen Stammeslinien, die lineare bzw. vertikale Abstammung (vertikaler Evolutionismus) einer Art in einer Abstammungslinie war nach Darwin auch horizontal (horizontaler Evolutionismus), durch Verzweigungen verschiedener Stammeslinien, möglich[51]. Darwin folgerte aus seinen Annahmen auch,

---

Reise auf der Beagle. Vgl. zu Darwins Reise auf der Beagle Fischer, S. 23-27; vgl. auch Meyer, S. 24-28. Weiterhin war das Buch „Eine Abhandlung über das Bevölkerungsgesetz" von Thomas Robert Malthus ein weiterer Impuls, um sich mehr mit dem „Kampf ums Dasein", wie Darwin am 28.09.1838 in seinem „Notizbuch D" notierte, auseinanderzusetzen. Vgl. dazu Fischer, S. 30 f.

[44] Vgl. Mayr 1994, S. 58.

[45] Besonders Mayr tendierte zu einer Unterteilung von Darwins Evolutionstheorie in „fünf große Evolutionstheorien". Vgl. dazu „Kasten 5.1 Darwins fünf große Evolutionstheorien" in Mayr 2005, S. 114; vgl. besonders auch Mayr 1994, S. 58 – hier erkärt Mayr, weshalb er Darwins Evolutionstheorie in fünf Theorien unterteilt. Diese Unterteilungen können jedoch variieren und sind abhängig von der verwendeten Fachliteratur bzw. dem Autor.

[46] Darwins Evolutionstheorie wird in der Öffentlichkeit oftmals sehr schwammig formuliert, meist werden die einzelnen „Untertheorien" in einen „Topf" geworfen – dies ist besonders in Lehrbüchern zu beobachten. Durch die dadurch entstehende Verallgemeinerung werden wichtige Differenzierungen und Teilaspekte von Darwins Evolutionstheorie nicht klar und sind infolge dessen nur schwer verständlich, da sie durch die vereinfachte Darstellung kaum zu ermitteln bzw. zu unterscheiden sind. Freilich können Vereinfachungen für populärwissenschaftliche Ansprüche genügen, für eine streng wissenschaftliche Betrachtung jedoch nicht.

[47] Vgl. zur Unterteilung der Evolutionstheorie in fünf „Untertheorien" Mayr 1982, S. 505 ff; vgl. auch Futuyma, S. 8; zur kompakten Übersicht der fünf Evolutionstheorien vgl. auch Mayr 2005, S. 114.

[48] Vgl. dazu Futuyma, S. 8; vgl. auch Mayr 1982, S. 505 ff.

[49] Vgl. Mayr 2005, S. 114.

[50] Vgl. Mayr 1994, S. 38.

[51] Zum Terminus des vertikalen/horizontalen Evolutionismus vgl. ebd., S. 36 f.

dass alle lebenden Organismen „von einem einzigen Ursprung des Lebens abstammen"[52]. Darwin spricht hier von einer gemeinsamen „Urform", die alle Pflanzen und Tiere haben[53]. Daraus kann wiederum gefolgert werden, dass – freilich übertrieben, aber im Kern richtig – das gesamte Leben als Familienbaum dargestellt werden kann[54].

3. Allmählicher Ablauf der Evolution (Gradualismus)

Unterschiede zwischen unterschiedlichen Organismen haben sich allmählich, durch kleine Zwischenschritte, über Zwischenformen herausgebildet[55]. Die evolutionäre Umwandlung läuft graduell und stufenweise ab[56]. Es lohnt sich, die betreffende Passage, in der Darwin die Gradualität thematisiert, aus seinem Werk „Über die Entstehung der Arten" ausführlich zu zitieren, da sie seine methodologische Vorgehensweise und seinen damaligen Erkenntnisstand besonders prägnant aufzeigt:

> „Obwohl es endlich in vielen Fällen sehr schwer zu errathen [sic!] ist, durch welche Übergänge Organe zu ihrer jetzigen Beschaffenheit gelangt seien, so bin ich doch, in Betracht der sehr geringen Anzahl noch lebender und bekannter im Vergleich mit den untergegangenen Formen sehr darüber erstaunt gewesen zu finden, wie selten ein Organ vorkommt, von welchem man keine hinleitenden Übergangsstufen kennt. Es ist gewiss richtig, dass neue Organe sehr selten oder nie plötzlich in einer Classe [sic!] erscheinen, als ob sie für irgend einen besonderen Zweck erschaffen worden wären (...) Die Natur ist verschwenderisch in Abänderungen, aber geizig in Neuerungen. Wie soll dies nach der Schöpfungstheorie zugehen? Woher sollte es kommen, dass alle Theile [sic!] und Organe so vieler unabhängiger Wesen, wenn jedes für seinen eigenen Platz in der Natur erschaffen wäre, doch ganz allmähliche Übergänge mit einander verkettet sind? Warum hätte die Natur nicht einen Sprung von der einen Organisation zur anderen gemacht? Nach der Theorie der natürlichen Zuchtwahl können wir einsehen, warum sie dies nicht gethan [sic!] hat; denn die natürliche Zuchtwahl wirkt nur dadurch, dass sie sich kleine allmähliche Abänderungen zu Nutze macht; sie kann nie einen plötzlichen Sprung machen, sondern muss mit kurzen und sicheren, aber langsamen Schritten vorschreiten."[57]

4. Die Entstehung biologischer Vielfalt

Die organische Artenvielfalt entsteht dadurch, dass Arten sich fortwährend in weitere Tochterspezies' aufspalten oder geographisch isoliert werden. Durch die geographische Isolierung entstehen neue Gründerpopulationen bzw. Arten[58]. Geographisch isolierte Populationen entwickeln sich wiederum zu geographisch spezifischen Rassen und weiteren Unterarten[59]. Eng verknüpft mit dieser „Untertheorie" von Darwins Evolutionstheorie, ist die Annahme, dass jedes Individuum einzigartig ist. Dieses sog. Populationsdenken nimmt an, dass jedes Individuum ganz individuelle Eigenschaften und Merkmale besitzt (Variabilität des Phänotyps)[60].

5. Natürliche Selektion

Durch die biologische Vielfalt gibt es Arten, die der gegebenen Umwelt besser angepasst sind oder ihr schlecht angepasst sind bzw. nicht mit der Umgebung auskommen. Die Arten, die mit

---

[52] Vgl. ebd., S. 41.
[53] Vgl. Darwin, S. 565.
[54] Vgl. Futuyma, S. 8
[55] Das Gegenteil zum Gradualismus ist der Punktualismus. Vgl. zum Unterschied zwischen Gradualismus und Punktualismus „Abb. 8" in Wuketits, S. 37.
[56] Vgl. Mayr 1994, S. 34.
[57] Vgl. Darwin, S. 240. Fehler in nach der Orthographie wurden mit [sic!] kenntlich gemacht.
[58] Vgl. Mayr 1994, S. 59.
[59] Vgl. ebd, S. 36.
[60] Mayr 2005, S. 116 f.

der Umwelt nicht zurechtkommen, sterben im Laufe der Zeit aus, bis es keine Nachkommen mehr gibt. Die natürliche Auslese wird durch die individuelle Variation einer Art und der ihr gegebenen speziellen Umwelt beeinflusst. Diese zwei Faktoren beeinflussen die natürliche Auslese und werden deshalb zusammen als sog. „Selektionsdruck" bezeichnet[61]. Darwins Selektionstheorie manifestiert sich in der Natur insofern, als die Überlebens- und Fortpflanzungsfähigkeit der Arten am Höchsten sind, die aufgrund ihrer Merkmale am besten an die Umwelt angepasst sind. Eng verknüpft mit diesem Prozess ist die Anpassung der Individuen. Nur die Phänotypen überleben, die aufgrund ihres Genotyps besser an die Umwelt angepasst sind[62]. Dieser Prozess wird auch als Adaption bezeichnet[63]. Aus der Annahme der natürlichen Auslese folgerte Darwin, dass die am besten angepassten Individuen überleben (survival of the fittest). Aus der natürlichen Auslese konkludiert ein „Kampf ums Dasein"[64] (struggle for life), der „unvermeidlich aus dem starken Verhältnisse, in welchem sich alle Organismen zu vermehren streben"[65], folgt.

2.3. Lamarcks und Darwins Evolutionstheorie im Vergleich – ein Überblick

I.

Der wohl größte Unterschied zwischen den Evolutionstheorien von Lamarck und Darwin kann präzise am bekannten „Giraffen-Beispiel" veranschaulicht werden. Lamarck ist der Auffassung, dass Lebewesen sich an die Gegebenheiten der Umwelt allmählich assimilieren. Durch den „Gebrauch oder Nichtgebrauch" von Körperteilen werden öfters benutzte Körperteile stärker ausgeprägt, selten benutzte Körperteile verkümmern. Der Organismus passt seinen Phänotyp ständig seiner Umwelt an. Die neu erworbenen Eigenschaften und Körpermerkmale, die durch die Anpassungen entstanden sind, werden wiederum an Nachkommen weitervererbt[66]. Nach dem Evolutionsmodell von Lamarck ist das genetische Material „weich" und kann durch Umwelteinflüsse geformt werden[67]. Im Giraffen-Beispiel kann sich die Giraffe an die Umweltbedingungen anpassen, da durch den häufigen Gebrauch des Halses sich dieser „verlängert".[68]

---

[61] Vgl. Fischer, S. 62 f.

[62] Vgl. Mayr 2005, S. 114

[63] Zur „Adaption" vgl. Fischer, S. 67-73.

[64] Wichtig ist zu erwähnen, dass dieser Terminus von Darwin nur metaphorisch verwendet wurde und von ihm nur in diesem Sinne zu gebrauchen ist. Vgl. Darwin, S. 84. Der ursprüngliche Terminus des „survival of the fittest" erfuhr viele Falschinterpretationen und wurde besonders von totalitären Bewegungen missbraucht und umgedeutet. Aus diesen Deutungen entstand beispielsweise der Sozialdarwinismus, der streng vom historischen Darwinismus zu trennen ist. Der Sozialdarwinismus war beispielsweise ein fundamentales ideologisches Element der nationalsozialistischen Ideologie und diente unter anderem auch als Legitimation für den Genozid an den Juden. Vgl. dazu Widmann, S. 739. Vgl. zum Sozialdarwinismus als fester Bestandteil der NS-Ideologie Kershaw, S. 263-271 und besonders ausführlich auch Zmarzliks Aufsatz „Der Sozialdarwinismus in Deutschland als geschichtliches Problem", S. 246-273 in: Vierteljahreshefte für Zeitgeschichte.

[65] Vgl. Darwin, S. 85.

[66] Vgl. Mayr 2005, S. 108 f.

[67] Vgl. ebd.

[68] Die Lamarcksche Evolutionstheorie wurde hauptsächlich durch die Mendelsche Genetik und die Molekularbiologie falsifiziert. Vgl dazu ausführlich Mayr 2005, S. 109. Die Epigenetik ist ein junges Teilgebiet der Biologie und beschäftigt sich mit der Weitergabe von erlernten Eigenschaften sowie mit vererbbaren Modifikationen. Diese Wissenschaft setzt sich besonders auch mit dem Kerngedanken Lamarcks auseinander, also der Annahme, dass Erlerntes an Nachkommen weitervererbt werden kann. Zur Epigenetik vgl. Fischer, S. 111 f.; vgl. auch die Ausführungen von André Gensch, einem Biologie-Studenten der Uni-Karlsruhe, der in seiner Hausarbeit „Der

Darwin wiederum honorierte Lamarcks „weiche Vererbung". Er akzentuierte jedoch die natürliche Selektion und sah sie als den wichtigsten Evolutionsfaktor an[69]. Bei dieser gab es keine Anpassungen von Körpermerkmalen durch Umwelteinflüsse oder den Gebrauch und Nichtgebrauch von Körperteilen. Bei der natürlichen Selektion sterben die schlechter angepassten Arten aus, die besser an die Umwelt angepassten Arten überleben wiederum. Im Giraffen-Beispiel würden die Giraffen aussterben, die einen kürzeren Hals haben, der nicht an die hohen Äste mit den Baumblättern heranreicht. Die größeren Giraffen, die mit ihrem Hals an die Baumblätter heranreichen, überleben. Darwin entwickelte aus dieser Annahme den Terminus des „survival of the fittest"[70].

II.

Eine Gemeinsamkeit von Lamarck und Darwin ist, dass sie für einen allmählichen Ablauf der Evolution plädierten. Der Gradualismus wurde in Lamarcks wie in Darwins Evolutionstheorie berücksichtigt[71] und war der konträre Ansatz zum damalig weit verbreiteten Punktualismus[72].

3. Die Synthetische Evolutionstheorie

Mitte des 20. Jahrhunderts entstand die synthetische Evolutionsbiologie, welche eine Vielzahl von Theorien und Erkenntnisse vieler Teilbereiche der Biologie vereint[73]. Die synthetische Evolutionstheorie enthält als Grundlage Darwins Erkenntnisse – besonders die natürliche Selektion – und die Mendelsche Vererbungsregeln[74]. Da sie verschiedene Erkenntnisse der Populationsgenetik, der Zoologie, der Botanik sowie der Genetik enthält, wird sie als synthetische, also als verknüpfende, zusammensetzende Evolutionstheorie bezeichnet[75]. Der „Gen-

---

Zweite Gencode – Lamarcks Rehabilitierung?" den Nexus zwischen Epigenetik und Lamarckismus thematisiert. Freilich genügt diese Arbeit nicht höchsten wissenschaftlichen Ansprüche, wenngleich sie die thematisierte Problematik gekonnt veranschaulicht.

[69] Vgl. Mayr 2005, S. 109. Zum Teil wird heute aus der Retrospektive irrtümlicherweise behauptet, dass Darwin nicht die Ansicht mit Lamarck teilte, dass genetisches Material formbar sei oder Darwin gar eine konträre Position einnahm und der Ansicht war, dass genetisches Material nicht „formbar", sondern „hart" sei. Historisch richtig ist, dass die Lamarcksche Transformationstheorie auch von Darwin anerkannt wurde, jedoch hatte Darwin in seiner Evolutionstheorie andere Akzentuierungen. Er legte das Hauptaugenmerk auf die natürliche Selektion, seinen wichtigsten Evolutionsfaktor. Vgl. dazu Mayr 1994, S. 144.

[70] Zu weiteren Unterschieden zwischen Lamarcks und Darwins Evolutionstheorie vgl. den „Kasten 5.2" in Mayr 2005, S. 115.

[71] Vgl. ebd., S. 115

[72] Zu den Unterschieden zwischen Punktualismus und Gradualismus vgl. Hickman, Roberts, Larson, LAnson, & Eisenhour, S. 182 f.

[73] Zur Entwicklung der synthetischen Evolutionstheorie Mitte des 20. Jahrhunderts vgl. Lange, S. 28-37; vgl. auch die Ausführungen von Langthaler, S. 41.

[74] Vgl. Campbell & Reece, S. 524 f.

[75] Freilich gibt es noch viele weitere wissenschaftliche Disziplinen, die die synthetische Evolutionstheorie inkludiert. Besonders Erkenntnisse der Systematik und der Paläontologie sind ein wichtiger Teil der synthetischen Evolutionstheorie. Die synthetische Evolutionstheorie wird durch neue Forschungsarbeiten bzw. neue Erkenntnisse stetig erweitert. In der jüngeren Vergangenheit gab es vermehrt Evolutionsbiologen, die Kritik an der synthetischen Evolutionstheorie übten und diese deshalb modifizieren wollen, vgl. dazu Mayr 1994, S. 183-188. Besonders die „Altenberg-16" Gruppe setzt sich für eine erweiterte synthetische Evolutionstheorie ein. Die Exponenten der Altenberg-16 Gruppe plädieren für eine Erweiterung der synthetischen Evolutionstheorie, da wichtige Aspekte und Evolutionsfaktoren – aus ihrer Perspektive – nicht berücksichtigt werden. Die Altenberg-16 Gruppe besteht aus renommierten Evolutionstheoretikern, die sich das erste Mal in Altenberg in Österreich trafen. Besonders zu erwähnen sind Gerd B. Müller, der Professor für Zoologie an der Universität Wien ist und das Treffen in Altenberg initiierte sowie Massimo Pigliucci, der Professor für Philosophie an der City University of

pool" steht jedoch im Mittelpunkt der synthetischen Evolutionstheorie. Dieser ist der „Gesamtbestand aller Gene in einer Population zu einem bestimmten Zeitpunkt."[76] Populationen leben jedoch in bestimmten geographischen Gebieten, somit kommt zum Terminus des Genpools, der den Faktor Zeit beinhaltet, auch der geographische Faktor hinzu[77]. Allele, also die verschiedenen Ausprägungsformen eines Gens, führen zur Variabilität des Phänotyps, also der „sichtbaren" Merkmale und Eigenschaften einer Population. Der Genpool, das zentrale Element der synthetischen Evolutionstheorie, wird durch Evolutionsfaktoren, die den Genpool verändern, beeinflusst. Nachfolgend sollen die wesentlichen Evolutionsfaktoren umrissen werden:

1. Mutation
Mutationen entstehen durch Veränderungen an der DNA[78]. Mutationen in Keimzellen können an Nachkommen weitergegeben werden. Dies führt wiederum dazu, dass sich der Genpool einer Population verändert[79]. Hiervon sind Mutationen in somatischen Zellen zu unterscheiden, die nicht an Nachkommen weitergegeben werden und den Genpool nicht verändern[80].

2. Rekombination
Die Rekombination nach den Mendelschen Regeln führt zu genetischer Variabilität. Bei sexuell fortpflanzenden Individuen ist der Meiose-Vorgang maßgeblich für die genetische Variabilität. Ursächlich für die genetische Variabilität sind die freie Rekombination der Chromosomen, der „Crossing-over-Vorgang" und die Zufälligkeit der Befruchtung[81].

3. Selektion
Durch natürliche Auslese überleben die am besten angepassten Individuen. Diese Genese führt dazu, dass immer die „aktuellsten" genetischen Anpassungen an Nachkommen weitervererbt werden. Dieser Vorgang ist eine Art Selbstregulierungsprozess der Natur, da es meist zu viele Nachkommen im Lebensraum einer Population gibt. Durch die natürliche Auslese wird wiederum der Genpool der Population beeinflusst. Erbanlagen mit günstigen Merkmalausprägungen „steigen" an, im Umkehrschluss nehmen Erbanlagen mit ungünstigen Merkmalausprägungen ab.
Von der natürlichen Selektion sind die sexuelle und die künstliche Selektion zu differenzieren. Bei der sexuellen Selektion liegt eine Varianz beim Fortpflanzungserfolg einer Art vor[82]. Das heißt, dass Individuen gegenüber Geschlechtsgenossen der gleichen Art Fortpflanzungsvorteile haben. Diese sind entweder intrasexueller oder intersexueller Natur. Bei der intrase-

---

New York ist und maßgeblich Anteil an der Entwicklung der Idee der erweiterten Synthese in der Evolutionstheorie (in engl. „Extended Evolutionary Synthesis") hat. Vgl. dazu besonders Mazur, S. 16-32. Die Forschungsarbeiten der Altenberg-16 Gruppe wurden im Jahr 2010 veröffentlicht, vgl. dazu Pigliucci & Muller. Vgl. auch den Aufsatz von Pigliucci.
[76] Vgl. Campbell & Reece, S. 524 f.
[77] Zur Population vgl. die Kurzdefinition in ebd., S. 1530.
[78] Die Mutation muss in zwei Mutationsarten unterschieden werden. Zum einen gibt es Punktmutationen; bei diesen wird nur eine Base der DNA gegen eine andere ausgetauscht. Zum anderen gibt es die Blockmutationen; bei diesen sind mehrere Nucleotide betroffen. Zur Vertiefung vgl. Hirsch-Kauffmann & Schweiger, S. 90 ff.
[79] Vgl. Campbell & Reece, S. 531.
[80] Vgl. ebd., S. 534.
[81] Vgl. ebd., S. 287 f.
[82] Vgl. Kappeler, S. 221.

xuellen Selektion sind Merkmale wesentlich, die bei der gleichgeschlechtlichen Konkurrenz um den Paarungspartner entscheidend sind[83]. Bei der intersexuellen Selektion sind Merkmale entscheidend, die eingesetzt werden, um die Paarung beim anderen Geschlecht herbeizuführen. Diese Merkmale können „Mitglieder des anderen Geschlechts dazu veranlassen, sich mit ihnen zu verpaaren"[84]. Es liegt dabei eine explizite Wahlentscheidung vor[85].
Neben der natürlichen und der sexuellen Selektion gibt es die künstliche Selektion. Diese wird vom Menschen gesteuert. Je nach Förderung des Züchters wird die Fortpflanzung von Individuen gesteigert oder vermindert.

4. Gendrift
Zufälle können den Genpool stark verändern. Naturkatastrophen oder Krankheiten lassen einen Teil der Population absterben. Dies führt zu einer Verminderung von Genen im Genpool einer Population. Besonders bei kleinen Populationen kann ein Gendrift, der auch als „Flaschenhalseffekt"[86] bezeichnet wird, drastische Auswirkungen entfalten. Bei größeren Populationen hat der Flaschenhalseffekt geringere Auswirkungen. Bei kleineren Populationen, mit weniger als 100 Individuen, kann jedoch eine Naturkatastrophe sehr gefährlich sein[87]. Ganz allgemein führt der Gendrift jedoch zu einer zufälligen Änderung der Genfrequenz im Genpool einer Population – dies impliziert, dass dieser Vorgang nicht nur zur Verminderung der Genfrequenz führen kann.

5. Isolation
Bei der Isolation (allopatrische Artbildung) wird eine Art in zwei Tochterarten aufgespalten. Dies geschieht meist durch natürliche Barrieren, beispielsweise durch einen breiten Fluss. Die Isolation wird deshalb auch als geographische Isolation bezeichnet[88]. Durch die Aufspaltung entstehen neue Teilpopulationen, die reproduktiv voneinander getrennt sind[89].

4. Reflexion

Darwins Erkenntnisse waren bahnbrechend und das nicht nur für den wissenschaftlichen Diskurs. Seine Evolutionstheorie ist in der Mitte unserer Gesellschaft schon längst angekommen und nicht mehr von dort wegzudenken. Darwins Forschungsergebnisse, die durch sein epochales Werk „Über die Entstehung der Arten" populär wurden, waren die Quintessenz seiner Beobachtungen, seiner langen Reise auf der Beagle und der Erkenntnisse seiner „Vorgänger", die er mit seinen Forschungsergebnissen modifizierte. Schon bevor Darwin seine Evolutionstheorie aufgestellt hatte, gab es Naturbeobachter, die sich mit der Genese der Arten sowie der Erde auseinandergesetzt haben. Die griechischen Naturphilosophen waren die ersten, die sich

---

[83] Vgl. ebd.
[84] Vgl. ebd.
[85] Vgl. ebd., S. 221 f.
[86] Vgl. dazu Lange, S. 50; vgl. „Abb. 23.5 Der Flaschenhalseffekt: eine Analogie" in Campbell & Reece, S. 530.
[87] Vgl. Weicker, S. 13.
[88] Vgl. Junker, S. 111.
[89] Vgl. ebd.

„avant la lettre" im weitesten Sinne mit dem Gedanken der Evolution auseinandersetzten[90]: Mit ihrer Auseinandersetzung mit dem Gedanken, dass die Erde und die darin lebenden Organismen ein Resultat eines langen Entwicklungsprozesses sind, begann auch die abendländische Tradition, jene Mentalität, welche die europäische Kultur bis in die Gegenwart tiefgreifend prägt[91]. Der tiefe Drang nach Licht in dem vielen Dunkel war ein typisches Motiv für die Wissenschaft der „Alten Welt", in der Europa der zentrale Dreh- und Angelpunkt war. Nach den vielen gesellschaftlichen, kulturellen und politischen Errungenschaften der Antike, war es „ruhig" geworden, bis zur großen Renaissance. Diese impliziert den Rückgriff zu antiken Traditionen und gleichzeitig eine kulturelle sowie wissenschaftliche Wende. Im „Alten Reich" entstand schon bald eine geisteswissenschaftliche Kultur[92], die bis heute einzigartig ist[93], und über Europa fegte der Wind der Aufklärung. Die Naturwissenschaften, speziell die Biologie, entwickelten sich und wurden Teil des etablierten, wissenschaftlichen Diskurses. Mit ihrer Entwicklung traten bald auch ihre großen Vertreter auf den Plan. Die vielen „Vorgänger" Darwins und Darwin selbst haben gegen die damalige Grundfeste geforscht – gegen die institutionelle, machiavellistische Macht der Kirche, welche auch im 19. Jahrhundert noch großen Einfluss auf das gesellschaftliche Leben hatte. Und das war keine Selbstverständlichkeit in einer Zeit, in der Wissenschaftlichkeit a priori von der Kirche verurteilt wurde, weil es galt, die hegemonialen Ansprüche zu konservieren bzw. diese nicht zu verlieren. Daher bedurfte es großer Courage, um gegen die Herrschaft der Kirche zu bestehen. Ganz im Geiste der humanistischen Aufklärung und der antiken Naturphilosophie begann Darwin jedoch, zu hinterfragen, was bis dato selbstverständlich war. Dies ist besonders daran zu erkennen, dass Darwin sich durchaus auch mit den Nachforschungen seiner „Vorgänger" beschäftigte. Beispielsweise setzte er sich mit dem Werk Aristoteles' auseinander, verwies er doch in seinem Werk „Über die Entstehung der Arten" auf Aristoteles' Forschungen über die Bildung der Zähne[94]. Summ summarum ist Darwins Lebenswerk ein Produkt der abendländischen Mentalität, des wissenschaftlichen Motors, der im Mittelalter „stotterte" und durch die Renaissance und Aufklärung „repariert" wurde – seine Erkenntnisse sind zweifellos zu den großen Entdeckungen und wissenschaftlichen Errungenschaften des Abendlandes zu zählen[95]. Die ungebrochene Aktualität von Darwins Werk und der synthetischen Evolutionstheorie manifestierte sich besonders 2009, als sich Darwins Geburtsjahr zum 200. Mal jährte. Alle großen Tageszeitungen hatten zum 200. Jubiläum Darwin oder allg. die Evolution zum Thema. Die Zeit schrieb prägnant „Danke, Darwin!"[96], der Spiegel pragmatisch „200. Geburtstag: Happy

---

[90] Thales von Milet war, soweit es überliefert ist, einer der frühen „Biologen", die sich mit dem Leben beschäftigten. Seine Hauptthese war, dass alles Leben aus dem Wasser entspringt. Zum naturphilosophischen Ursprung der Biologie vgl. besonders die Ausführungen von Durant, S. 100-103.

[91] Schon der vorsokratische Philosoph Heraklit prägte etwa den Gedanken, dass „alles fließt" (panta rhei), dass also alles Lebende stets veränderlich ist, sich in einem Prozess fortwährenden Werdens befindet.

[92] Z. B. Weimarer Klassik.

[93] Exemplarisch sind Winckelmann, Lessing, Goethe, Schiller oder Hegel zu nennen. Die Aufzählung hat keine bestimmte Reihenfolge und keinen Anspruch auf Vollständigkeit, da es noch viele weitere Geistesgrößen gibt, die ab der sog. „dritten Renaissance" – das ist eine Begrifflichkeit, die auf Peter Watson zurückgeht –, die Weltbühne betraten. Vgl. dazu ausführlich Watson, S. 109-222.

[94] Vgl. Darwin, S. 2.

[95] Der preisgekrönte Darwin wurde beispielsweise auf Platz 16 der einflussreichsten Personen der Geschichte gewählt. Vgl. dazu die Tabelle von Hart. In Großbritannien wurde Darwin auf den vierten Platz der größten Briten gewählt. Vgl. dazu Hart, 1993.

[96] Vgl. Neffe

Birthday, Darwin!"[97]. Darwins Werke, die nachfolgenden Entwicklungen der Evolutionsbiologie, beispielsweise der synthetischen Evolutionstheorie, sind allesamt, egal wie man zu diesen Wissenschaften steht, wichtig für die gesellschaftliche Diskussion, für die Debatte um den Ursprung unseres Daseins. Allein die daraus entstandene Debattenkultur, bei der teilweise auf höchst wissenschaftlichem Niveau fundiert, teilweise aber auch schlecht, weniger stichhaltig argumentiert wird, und der daraus resultierende Effekt, dass sämtliche Wissenschaftliche Richtungen ihrer Argumentation akribisch überprüfen müssen, um im gesellschaftlichen Diskurs zu bestehen, geben der Evolution ihre „Daseinsberechtigung" – da dadurch der zivilisatorische Fortschrittsgedanke gefördert wird.

---

[97] Vgl. Spiegel, o. V; eine chronologische Auswhal einiger interessanter Artkel des Darwin-Jahres sind unter charles-darwin-jahr, o. V. auffindbar. Zur URL siehe im Literaturverzeichnis.

5. Literaturverzeichnis

Campbell, N. A., & Reece, J. (2003). *Biologie.* Heidelberg/Berlin.

Carroll, S. B. (2008). *Die Darwin-DNA, Wie die neueste Forschung die Evolutionstheorie bestätigt.* Frankfurt.

charles-darwin-jahr, o. V. (kein Datum). *charles-darwin-jahr.at.* Abgerufen am 8. Januar 2014 von http://www.charles-darwin-jahr.at/index.php?m=viewpage&p=57

Dambeck, H. (17. Februar 2010). *Religion versus Evolution: Wie die Sünde in die Welt kam.* Abgerufen am 27. Dezember 2013 von Spiegel.de: http://www.spiegel.de/wissenschaft/mensch/religion-versus-evolution-wie-die-suende-in-die-welt-kam-a-677896.html

Darwin, C. (1867). *Über die Entstehung der Arten.* Stuttgart.

Dopfer, K. (April 2007). *http://www.researchgate.net/publication/23696301_Grundzge_der_Evolutionskonomi e_-_Analytik_Ontologie_und_theoretische_Schlsselkonzepte.* Abgerufen am 22.12.2013. Dezember 2013 von http://www.researchgate.net

Durant, W. (1992). *Die großen Denker. Die Geschichte der Philosophie von Plato bis Nietzsche.* Bindlach.

Fischer, E. P. (2009). *Der kleine Darwin, Alles, was man über Evolution wissen sollte.* München.

Futuyma, D. J. (2005). *Evolution.* Sunderland.

Gensch, A. (29. März 2009). *Der zweite Gencode – Lamarcks Rehabilitierung? Epigenetik und ihre Bedeutung für die Evolution.* Abgerufen am 27. Dezember 2013 von rz.uni-karlsruhe.de: http://www.rz.uni-karlsruhe.de/~db45/Studiendekanat/Lehre/Bachelor/Modul%2001A/Skript01/Epigenetik_Lamarck.pdf

Gerrig, R. J., & Zimbardo, P. (2008). *Psychologie.* München.

Haeckel, E. (2012). *Die Naturanschauung von Darwin, Goethe und Lamarck.* Bremen.

Hallpike, C. R. (Dezember 1996). Social Evolution. *Journal of Institutional and Theoretical Economics (JITE), Vol. 152, No. 4,* S. 682-689.

Hart, M. H. (1993). *The 100: The Ranking of the most Influential Persons in History.* New York.

Hart, M. H. (kein Datum). *The 100: A Ranking of the Most.* Abgerufen am 8. Januaer 2014 von http://physics.hallym.ac.kr/~physics/course/a2u/evolution/img/toptenlistweb.pdf

Heberer, G. (1960). *Was heißt heute Darwinismus?* Göttingen.

Hickman, C. p., Roberts, L., Larson, A., LAnson, H., & Eisenhour, D. (2008). *Zoologie*. München.

Hirsch-Kauffmann, M., & Schweiger, M. (2006). *Biologie für Mediziner und Naturwissenschaftler*. Stuttgart.

Junker, T. (2004). *Geschichte der Biologie: Die Wissenschaft vom Leben*. München.

Kappeler, P. (2006). *Verhaltensbiologie*. Heidelberg.

Kershaw, I. (April 1992). Ideologie und Propagandist. Hitler im Lichte seiner Reden, Schriften und Anordnungen 1925-1928. *Vierteljahreshefte für Zeitgeschichte, 2. Heft*, S. 263-271.

Kleesattel, W. (2010). *Die Evolution*. Stuttgart.

Korb, T., & Lindemann, W. (6. März 2010). *Zur Kontroverse zwischen Evolutions- und Schöpfungstheorie*. Abgerufen am 27. Dezember 2013 von http://dergeradeweg.com: http://dergeradeweg.com/2010/03/06/zur-kontroverse-zwischen-evolutions-und-schopfungstheorie/

Lange, A. (2012). *Darwins Erbe im Umbau. Die Säulen der erweiterten Synthese in der Evolutionstheorie* . Würzburg.

Langthaler, R. (2008). *Evolutionstheorie - Schöpfungsglaube*. Würzburg.

Lefèvre, W. (1997). *http://www.mpiwg-berlin.mpg.de/Preprints/P61.PDF*. Abgerufen am 22. Dezember 2013 von http://www.mpiwg-berlin.mpg.de

Lesch, H., & Vossenkuhl, W. (2012). *Die Großen Denker*. München/Grünwald.

Lorenz, K. (1975). Über die Wahrheit der Abstammungslehre. In H. v. Ditfurth, *Evolution - Ein Querschnitt der Forschung* (S. 25). Hamburg.

Mayr, E. (1979). *Evolution und die Vielfalt des Lebens*. Berlin/Heidelberg/New York.

Mayr, E. (1982). *The Growth of Biological Thought: Diversity, Evolution and Inheritance*. Cambridge, Massachusetts.

Mayr, E. (1984). *Die Entwicklung der biologischen Gedankenwelt. Vielfalt, Evolution und Vererbung*. Berlin.

Mayr, E. (1988). Evolution. *Spektrum Der Wissenschaft*, S. 8-19.

Mayr, E. (1994). *... Und Darwin hat doch Recht, Charles Darwin, seine Lehre und die moderne Evolutionsbiologie*. München.

Mayr, E. (2005). *Das ist Evolution*. München.

Mazur, S. (2010). *The Altenberg 16: An Exposé of the Evolution Industry*. Berkeley.

Meyer, J. G. (2013). *Darwin, Mendel, Lamarck & Co. Die Partitur der Evolution zum Homo Sapiens.* Stuttgart.

Neffe, J. (24. November 2009). *Danke, Darwin! Seine Evolutionstheorie war revolutionär, Darwinismus dagegen ist heute ein Schimpfwort. Was wurde aus dem Erbe des großen Biologen?* Abgerufen am 8. Januar 2014 von Zeit.de: http://www.zeit.de/2009/02/N-Darwin-Biografie

Okruch, S. (2003). *Evolutorische Ökonomik und Ordnungspolitik - ein neuer Anlauf.* Budapest.

Pigliucci, M. (2009). *An Extended Synthesis for Evolutionary Biology.* Abgerufen am 3. Januar 2014 von http://philpapers.org/: http://philpapers.org/archive/PIGAES.pdf

Pigliucci, M., & Muller, G. (2010). *Evolution: The Extended Synthesis.* Cambridge, Massachusetts.

Rühle, A. (19. Mai 2010). *Streit um Evolution und Schöpfungslehre, Gott beweist: Darwin ist tot.* Abgerufen am 27. Dezember 2013 von http://www.sueddeutsche.de: http://www.sueddeutsche.de/kultur/streit-um-evolution-und-schoepfungslehre-gott-beweist-darwin-ist-tot-1.892288

Russell, B. (1996). *Denker des Abendlandes.* Bindlach.

Schmitz, S. (1983). *Charles Darwin.* Düsseldorf.

Schröder, R., & Wuketits, F. (April 2009). Sinn und Unsinn des Glaubens. *Gehirn und Geist,* S. 42-46.

Spiegel, O. V. (2. Februar 2009). *200. Geburtstag: Happy Birthday, Darwin!* Abgerufen am 8. Januar 2014 von Spiegel.de: http://www.spiegel.de/wissenschaft/natur/200-geburtstag-happy-birthday-darwin-a-607201.html

Watson, P. (2010). *Der Deutsche Genius. Eine Geistes- und Kulturgeschichte von Bach bis Benedikt XVI. .* München.

Weicker, K. (2007). *Evolutionäre Algorithmen.* Wiesbaden.

Widmann, P. (1997). Sozialdarwinismus. In W. Benz, & H. Weiß, *Enzyklopädie des Nationalsozialismus* (S. 739). Stuttgart.

Wuketits, F. M. (Juni 2000). Biologie und Religion: Warum Biologen ihre Nöte mit Gott haben. *Praxis der Naturwissenschaften. Biologie, Nr. 49,* S. 2-5.

Wuketits, F. M. (2005). *Evolution, Die Entwicklung des Lebens.* München.

Zitek, R. (1977). Charles Darwin. In *Die Großen der Weltgeschichte* (Bd. 8/1, S. 32-49). Zürich.

Zmarzlik, H.-G. (Juli 1963). Der Sozialdarwinismus in Deutschland als geschichtliches Problem. *Vierteljahrshefte für Zeitgeschichte, 3. Heft*, S. 246-273.

Zrzav, J., Storch, D., & Mihulka, S. (2009). *Evolution*. Heidelberg.